奇趣真相：自然科学大图鉴

种 子

[英]简·沃克◎著

[英]安·汤普森 贾斯汀·皮克 大卫·马歇尔 等◎绘

雷飞◎译

中国人口出版社
China Population Publishing House
全国百佳出版单位

前 言

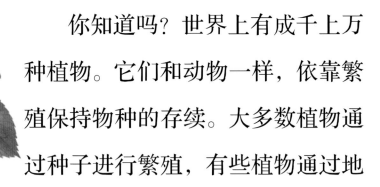

你知道吗？世界上有成千上万种植物。它们和动物一样，依靠繁殖保持物种的存续。大多数植物通过种子进行繁殖，有些植物通过地下的鳞茎进行繁殖，还有些植物通过直接暴露在空气中的孢子进行繁殖。通过阅读本书，你将了解各种植物的不同繁殖方式。你还可以根据本书的提示，做一些有趣的小实验，甚至尝试自己写种子日记。你会发现很多关于种子的奇趣真相，这不仅能增长你的见识，还会给你带来很多乐趣哟！

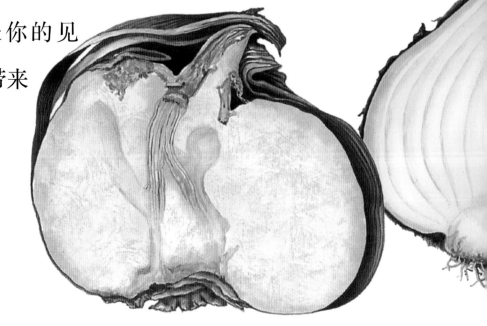

目 录

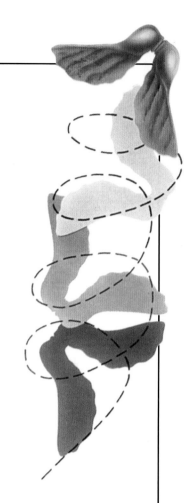

种子、鳞茎和孢子

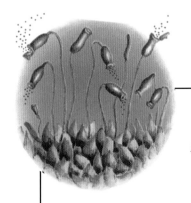

苔藓植物会释放出孢子。

所有植物都会繁衍。大多数生长在陆地上的植物都会结出种子，通过种子长出新的植株。有些植物的繁殖部分生长在地下，有些植物会产生具有繁殖作用的孢子，孢子离开母体植株后会发育成新的植株。

孢子

孢子植物不开花，所以它们结不出种子。这些无花植物包括蕨类、苔藓、藻类、菌类和地衣等。为了繁殖，它们会释放出微小的单细胞，这些细胞脱离母体后会继续成长为新的植株。

甜栗树

种子和果实

我们在生活中经常见到的植物，比如金盏花和橡树，都是有花植物。它们都会开出花朵，花朵最终结出种子。花朵的一部分会成长为果实，果实里面藏着种子。有些果实的果肉柔软而多汁，比如覆盆子和番茄；有些果实的外壳异常坚硬，比如橡果和其他坚果。

甜栗树的种子是一颗颗红棕色的坚果，每颗坚果都由带刺的外壳包裹着。

1

鳞茎

　　洋葱和水仙等有花植物的某些部分生长在地下，被一层又一层的叶子包裹着，中间是个小芯，这个部分就是鳞茎。这些植物的养分储存在鳞茎中。春天到来时，鳞茎上长出新的花和叶子，从旧的鳞茎中生长出来的新鳞茎也会成长为新的植株。

有些蕨类植物的孢子
长在叶子背部。

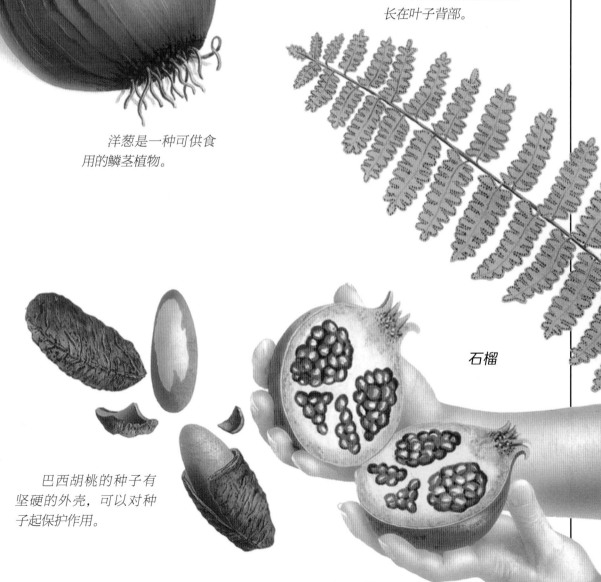

洋葱是一种可供食
用的鳞茎植物。

石榴

巴西胡桃的种子有
坚硬的外壳，可以对种
子起保护作用。

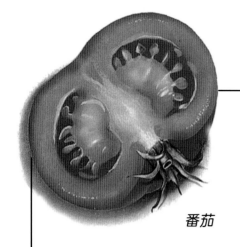

番茄

各种各样的种子

结种子的植物可以分为两大类：一类是被子植物，包括树和各种有花的灌木，这些植物的种子隐藏在果实之中；另一类是裸子植物，它们的种子不是隐藏在果实之中，而是直接裸露在空气中。

从花朵到种子

植物的花期结束之后，花瓣会渐渐枯萎、脱落，而花朵底部中空的部分则慢慢饱满起来，渐渐长成果实。果实里面有受精的卵细胞，会慢慢发育成种子。

松果的鳞片在气候干燥的时候会绽开，每一个鳞片上面都有2粒种子。

裸子植物的种子

种子裸露在空气中的植物被称为裸子植物，松柏科植物一般都是裸子植物，它们是会结出松果的树或灌木。坚硬的松果由鳞片构成，种子就长在这些鳞片上面。当鳞片张开的时候，种子就会蹦出来落到地面上。

被子植物的种子

　　被子植物的种子都被包裹在荚果、蒴果等果实里，种子越大，单棵植物所能结出的种子就越少。椰子树等植物只会结出几颗又大又重的种子，兰花等植物则会结出成千上万粒细小而又轻柔的种子。樱桃和李子等水果中间的硬核里只藏有1颗种子，而香蕉和蜜瓜等水果的鲜美果肉中则遍布无数粒种子。

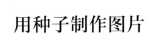

用种子制作图片

　　首先，你要收集各种各样的种子，种子的类型和数量越多越好。其次，在空白的纸片或卡片上画出你要制作的图片的轮廓。最后，用胶水依次把种子粘到你的图片上。为了完成你的种子图片，你可以选择哈密瓜种子、葵花子儿、芝麻、大米和干燥的四季豆等种子。

观察种子的生长

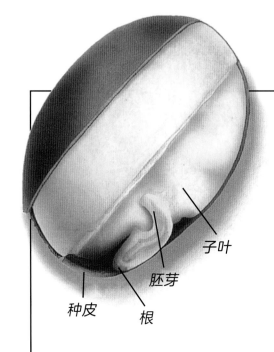

子叶

胚芽

种皮

根

每颗种子的外面都有一层硬皮，里面包裹着新生的植物。种子里面还储藏着特殊的营养物质，是供给新生的小植物进行生长的能量。种子在生长过程中必须具备2个必要条件：水和阳光。种子里面的胚芽会迎着阳光茁壮成长，而根则会向下扎进土壤里汲取养分。

种子里面

种皮是种子外面的一层硬皮，主要对种子起保护作用。种皮里面分别是新生植物的根、胚芽和1~2片特殊的子叶。

豆子的生长过程

根破壳而出，并向下方生长。

胚芽从种皮中破壳而出，开始向上生长。

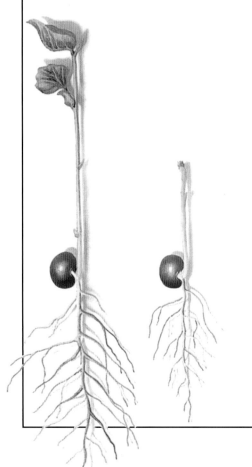

根和胚芽

水渗进种子里面后，种子就开始生长起来。种子里面新生的部分茁壮成长，逐渐膨胀开来。首先，根冲破种皮向下生长；其次，胚芽破壳而出向上生长；再次，根上长出纤细的根须，从土壤中汲取更多的水分和营养；最后，当胚芽钻土而出时，绿色的叶子开始出现了。

北极羽扇豆的种子长时间沉睡在地下，大约一万年以后才会开始生长。

储存营养物质

玉米等植物只有1片子叶，而蚕豆等植物则有2片子叶。有些植物的种子通过子叶来储存营养物质，为新生的植株提供养分。而有些植物，比如燕麦和蓖麻等，则将营养物质附着在新生植株的茎叶上。

种皮脱落了。

新生的植株长出第一对叶子。

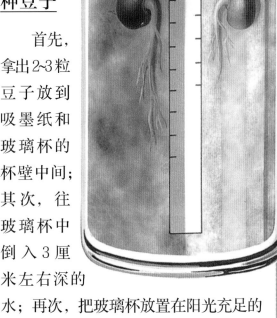

种豆子

首先，拿出2~3粒豆子放到吸墨纸和玻璃杯的杯壁中间；其次，往玻璃杯中倒入3厘米左右深的水；再次，把玻璃杯放置在阳光充足的阳台或窗户边；最后，不要忘记每天给玻璃杯中加少量的水哟！你还可以多准备一些豆子和玻璃杯，放一份到冰箱中，再放一份到阳光照射不到的地方。最后，再准备一份不加水的，玻璃杯中只放豆子和吸墨纸，并把它放在阳台或窗户边，跟最先准备的那一份放在一起。持续观察不同玻璃杯中豆子的生长情况，并画出一张表格，分别记录下它们发生了什么变化。

种子如何发育？

雄性部分
（雄蕊）

雌性部分
（雌蕊或心皮）

所有有花植物都会结种子。花朵中的雄性部分和雌性部分结合在一起，就生长出了种子。花朵中的雄性部分会产生花粉，花粉需要被传送到花朵的雌性部分，这个过程就是授粉。授粉之后，花粉颗粒沿着特殊的管子，直达雌性部分的卵细胞，花粉和卵细胞结合，就发育出了种子。

雄蕊和雌蕊

一朵花的雌性部分叫雌蕊或心皮，里面有植物的卵细胞。雄蕊是花朵的雄性部分，会产生花粉。

苹果树的花朵依靠
蜜蜂等昆虫来授粉。

一只蛾子用 20 厘米长的舌头在彗星兰中吸取花蜜，吸蜜的过程中会将花粉传播到花朵上。

昆虫授粉

　　花粉从一朵花中传播到另一朵花中，依靠的可能是风、昆虫、鸟或其他小型哺乳动物。大多数花朵通过昆虫来授粉。花瓣鲜艳的颜色吸引昆虫飞过来，昆虫在花朵上面采食花粉和花蜜。昆虫采食花粉和花蜜的过程中，毛茸茸的身上可能会沾到花粉，当它飞到另一朵花上时，身上的花粉可能会掉落，这个过程就是昆虫的授粉。

蜜蜂用花粉篮将采集到的花粉带回巢穴中。

风将榛子树花穗上的花粉吹落。

左图是蜀葵的花粉粒放大 1000 倍以后的样子。

寻找花粉篮

　　有些花朵的花瓣上有特殊的标记，能帮助蜜蜂找到花蜜，这个特殊的标记就是蜜标。如果你发现一只蜜蜂正在花朵上采蜜，赶快拿出你的放大镜，仔细观察它的腿部，这时你会看到黄色的小块，这就是它的花粉篮，也就是蜜篮，里面可是装满了花粉哟！观察的过程中一定要小心，千万别忘了蜜蜂是会蜇人的呢！

从花朵到果实

向日葵

花粉与卵细胞结合之后，就形成了受精卵，受精卵不断发育就长成了种子。花瓣枯萎后，花朵底部空心的部分开始膨胀，逐渐长成果实。果实包裹住种子，种子受到保护继续发育。桃子等果实里只有1颗种子，这也就是说，桃子等果实的种子是从1颗受精卵中发育而来的。

微小的花朵

在向日葵的硕大花盘中，生长有成千上万朵微小的花，也被称为小花，每朵小花都能发育成1粒种子。藓草的花头也是由这样无数朵小花构成的，每朵小花都会发育成独立的种子，且带有轻柔的"降落伞"。

受精之后，苹果花底部的外壳慢慢开始膨胀。

果实越长越大，果肉开始变色，慢慢成熟。

花瓣逐渐枯萎，最后落到地面上。

交喙鸟相互交叉的上下嘴非常
适合从松果中取出种子。

*榛子树的花穗上长
着成百上千朵小花。*

*每颗榛果都
被厚实的叶子包
裹着。*

坚果和球果

橡树和山毛榉等树都会结出坚硬的果实，被称为坚果。每颗坚果都有一个坚硬的外壳，对果实起保护作用。坚果实际上也是这些树的种子。松树和雪松的花不结果，它们的雌花直接慢慢长成又干又硬的球果，球果的鳞片上会长出种子。对于松树这样的松柏科植物来说，这样的过程至少要经历3年。杜松是另外一种松柏科植物，它的球果看起来像鲜嫩多汁的浆果。

*每颗榛果的硬壳里
都包裹着1粒种子。*

制作干果和种子首饰

你可以用干果和种子制作漂亮的首饰。首先准备一枚针和一些细长的圆皮筋，然后把苹果干、梨干、蜜瓜籽、红芸豆和娑罗子等串起来。你可以找家长帮忙，让他们帮你在坚硬的种子上打孔。用回形针在橡皮筋的末端做成搭扣，使之连接起来。为了让首饰经久耐用，你可以给干果和种子刷上透明的清漆。

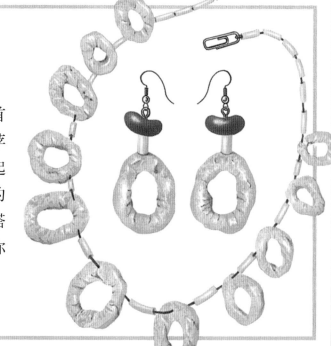

种子的旅行

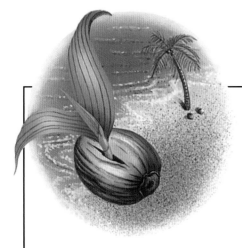

为了长成健康的新植株，植物的种子必须落在空间开阔和土质良好的地方。种子主要通过4种媒介进行传播：风、水、动物和植物自身。能自己传播种子的植物一般有种穗或种荚，种穗或种荚崩开后，种子就会散落出来。

水传播种子

河流、小溪和大海可以将落在水中的种子带走。海水可以将椰子树的种子带到很远的地方。

松鼠和松鸦收集坚果，并把它们作为越冬的食物储藏起来。

风滚草在美洲大草原上随风滚动，并同时播撒自己的种子。

动物的帮助

鸟类喜欢吃色彩鲜艳的浆果，浆果中含有种子，鸟类排便时会将种子和粪便一起排出体外，然后落到地面开始生长。鬼针草等植物的果实会粘到动物的皮毛上，从而离开母体植物。橡果等坚果会被松鼠或松鸦等动物收集起来，作为越冬必备的食物，等春天到来时，那些没有被吃掉的种子就有可能长出新的植株。

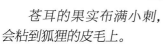
苍耳的果实布满小刺，会粘到狐狸的皮毛上。

美国梧桐的种子

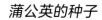
青柠的种子

靠风传播

有些植物的种子形状比较特殊，适合随风传播。美国梧桐和白蜡树的种子都是长有"翅膀"的，蒲公英的种子上连着小小的羽毛般柔软的"降落伞"，可以随风飘荡。长有"翅膀"或"降落伞"的植物的种子可以随风"飞行"很远的距离，从而远离母体植物。到了夏末或者秋季的时候，你可以出门仔细观察和寻找，说不定就能发现这样的种子哟！

蒲公英的种子

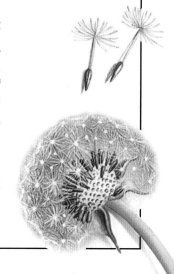

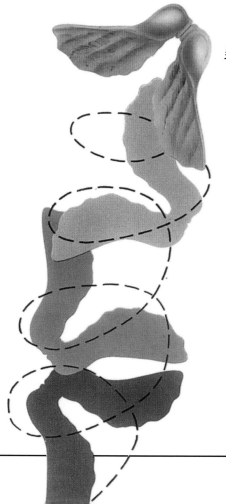

变成食物的种子

面包、意大利面、饼干和食用油都是用植物的种子做成的食物。由种子制成的食物遍及世界各地，可以供人们食用，有的种子甚至还能成为其他动物的食物。我们吃的玉米、大米和小麦都是谷物的种子，豌豆和扁豆也是植物的种子。除此之外，有些植物的种子还能加工制作成食用油、饮料或香料。

食用油

很多食用油都是由植物的种子加工而来的，比如葵花籽油和玉米油。除此之外，人们还会把黄色的油菜花籽榨成油。

小麦

大麦

稻子

燕麦

谷物

谷物是一种特殊的草本植物。大麦是一种谷物，适合用来喂养家禽。水稻也是一种谷物，多生长在雨水充沛的热带国家。多数种水稻的田地里都有水，被称为水田。

在古埃及，人们通过咀嚼豆蔻籽来清洁牙齿。

饮料

咖啡是由咖啡树干燥的种子咖啡豆制成的。每一颗红色的咖啡果里面都有2粒白色的咖啡豆，咖啡豆被烘干和炒熟之后就变成了深棕色。可可树的种子长在荚果里，可可豆被取出来晒干，然后磨成粉，就变成了可可粉。墨西哥的阿兹特克人是最早用可可树的种子制作热巧克力的人。

咖啡豆

可可豆

在印度市场上经常有五颜六色的香料出售，它们都是被磨碎的植物种子。

早期的农民

苏美尔人是世界上最早的农业族群之一，他们生活在美索不达米亚平原。苏美尔人种植大麦和玉米等谷物，每年丰收之后，他们会把质量最好的种子留下来，等到来年春天的时候再播种下去。这样一来，他们培育出的谷物质量越来越好，收成也越来越好。

鳞茎和球茎

珠芽　　百合鳞茎

鳞茎的生长

百合和水仙都是通过鳞茎生长新植株的植物。年复一年，新的鳞茎会从旧的鳞茎中生长出来，那些新长出来的鳞茎叫作珠芽，经过一段时间后会完全成熟，从而继续长出新的植株。

有些植物不需要种子，也能开出新的花朵，长出新的叶子。这些植物的鳞茎或球茎，会在生长季节里储存水分和养料。它们吸收和储藏这些物质来越冬，春天到来的时候，就可以继续生长了。

剑兰的球茎在储存水分和养分时会不断膨胀。

球茎

球茎是长在地下的又粗又大的茎秆，像纸一样的表皮里面包裹着 1 个单独的芽。新的球茎在旧球茎的基础上生长出来，逐渐成熟后便取代旧的球茎，最终旧的球茎就会完全枯萎。

新的球茎正在形成，它的表皮是已经枯萎的叶子。

剑兰的球茎和花朵

在恐怖故事里，人们常常携带大蒜头来抵御吸血鬼。

鳞茎

鳞茎由一层又一层厚厚的新鲜叶子组合而成，中间包裹着芽。春天到来时，芽中会发育出植物的根、叶子和花。生长季节结束之后，地面上的植物部分便会渐渐枯萎，但地下的鳞茎依然在汲取养分和水分，它们依靠这些储存起来的物质度过冬天。

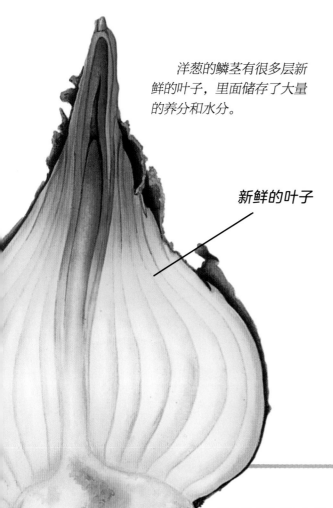

洋葱的鳞茎有很多层新鲜的叶子，里面储存了大量的养分和水分。

新鲜的叶子

洋葱的鳞茎和花朵

制作洋葱皮染料

洋葱皮可以用来制作染料，你知道吗？

维京人曾用红皮洋葱来制作鲜艳的红色染料。找家长帮你把 2 个洋葱放到锅里加水煮开，继续炖煮 2~3 个小时，等锅冷却下来之后把洋葱捞出来，只留下红色的液体。然后把你想要染色的东西放到锅里，沉到红色的液体中，顺便加点盐固定颜色。最后把染好色的东西拿出来，并用冷水清洗一下，整个染色过程就完成啦！

块茎、根茎和匍匐枝

有的植物有块茎、根茎或匍匐枝，这样的植物不需要种子也能生成新的植株。就像球茎一样，块茎和根茎也是生长在地下的茎秆。匍匐枝是从母体植物中旁生出来的细长枝条，它们会长出自己的根。

鸢尾花根茎的新生部分长出了新的叶子和根。

根茎

根茎是从母体植物身上长出来的粗壮的旁枝。有的植物的根茎生长在地下，有的植物的根茎生长在地面。

草莓从匍匐枝上长出新的植株。

匍匐枝

草莓等植物有贴着地面生长的细长枝条，叫作匍匐枝。匍匐枝上长出根，成为新生植株的基点。新生植株可以脱离母体植物，独立成长为新的个体。绵延生长的毛茛也有这样的匍匐枝。

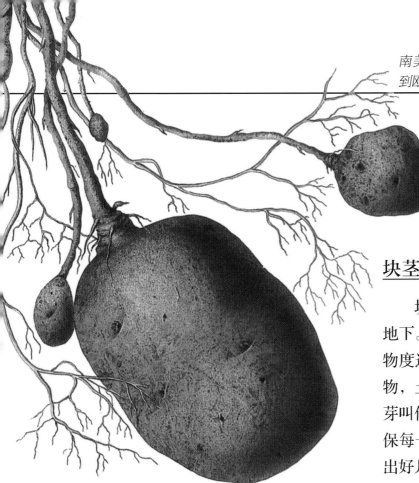

16 世纪时，西班牙征服南美洲后，土豆首次被引进到欧洲。

土豆的块茎会储存营养物质，帮助植株熬到下一个生长季节到来。

块茎和块根

块茎是膨胀的茎秆或根，通常生长在地下。块茎里面储存了大量养分，帮助植物度过冬天后继续生长。大丽花是块根植物，土豆是块茎植物，块根或块茎上面的芽叫作"眼"。把一个土豆切成几份，并确保每一份上都有一个芽眼，这样你就能种出好几个土豆苗了。

土豆迷宫

拿出一块土豆，观察一下新的土豆苗是如何从上面生长起来的吧！先拿一个鞋盒竖着放好，用硬纸板做几个隔板，然后水平固定到鞋盒上。在盒子顶部开一个小孔，再找一个有芽眼的土豆，放到盒子的底部。盖上鞋盒的盖子，把装有土豆的鞋盒放到阴凉且通风的地方，过一段时间之后，土豆苗就会长成迷宫的模样啦！

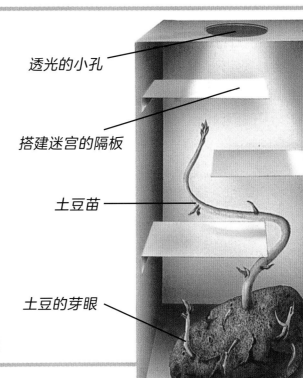

透光的小孔

搭建迷宫的隔板

土豆苗

土豆的芽眼

孢子植物

大约 4 亿年前，地球上出现了第一批植物。这些植物既不开花，也不结种子，它们被称为孢子植物。这样的植物仍然生长在地球上，包括藻类、菌类、地衣、苔藓和蕨类。虽然不结种子，但这些植物会长出一些叫孢子的微小细胞，孢子脱离母体植物后会继续成长为新的孢子植物。

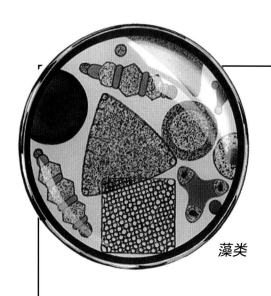

藻类

藻类

大多数藻类要么生长在咸咸的海水中，要么生长在溪流或池塘等淡水环境中。有些藻类体积非常小，人们需要借助放大镜才能看清它们的样子。海藻是体积最大的藻类，太平洋中有种巨藻能长到60多米长。

这种亮红色的捕蝇蕈是一种含有剧毒的蘑菇。

硬柄小皮伞

霉菌和孢子

在一片不新鲜的面包上洒上水，并把它放进金属罐之类的容器中，然后盖上盖子。等过了2~3天之后，面包的表面就会长出黑色的霉菌。仔细观察一下，你能看到上面的孢子吗？

网纹马勃菌

牛肝菌

菌类

蘑菇、伞菌、酵母菌和霉菌都属于同一个庞大的植物种类：菌类。与其他植物不同的是，菌类在生长过程中不需要阳光。菌类自己不能生产食物，因此以其他植物或动物及其残骸为食。菌类通常生长在阴暗潮湿的地方，它们能产生不计其数的孢子，被风、水或者昆虫带到其他地方继续生长。

菌褶长在菌盖的下面，能够产生孢子。

地衣

当藻类植物和菌类植物生长在一起时，就会形成地衣这种新的植物。藻类自己产生食物，并将食物传递给不能自主产生食物的菌类。一般在树干上、岩石上或者石头建筑上，我们都能发现地衣的踪影。

地衣分为3种不同的类型：壳状地衣、叶状地衣和灌木状地衣。

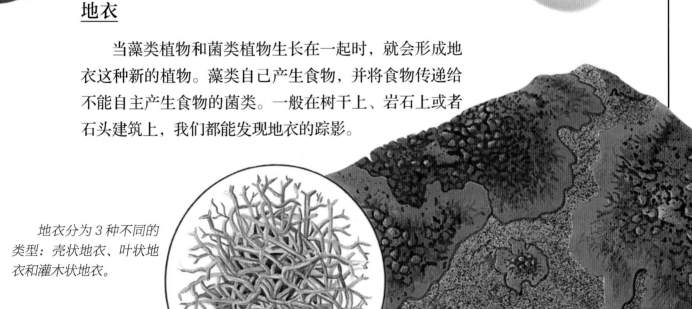

20

从孢子到新的植物

昆布

海藻

海藻是一种生长在海水中的藻类植物，海藻没有真正的茎秆、叶子和根。它们身上有一种叫"固着器"的特殊组织，能把自己固定在岩石上或其他硬质固体表面上。海藻的孢子必须结合在一起，才能生长出新的海藻。

固着器 ——

如果你翻开蕨类植物的背面看一下，往往会发现小小的斑点。这些斑点有的是暗棕色甚至黑色的，有的是亮黄色的。这些斑点实际上是小小的囊，里面保存着蕨类植物的孢子。天气干爽的时候，成熟的囊会炸开，孢子就随之飘散到空气中了。

地钱的生长过程十分缓慢，长度一般不会超过 20 厘米。

地钱

地钱是一种生长在沼泽、森林和河岸等潮湿地带的苔藓植物。流动的水可以帮助地钱的雄性细胞与雌性细胞结合，结合后孢子荚膜就开始发育。孢子荚膜通常生长在细细的伞状叶柄的顶端，孢子荚膜变干燥破裂后，孢子就会飘散出来。

地钱的伞状叶柄

蕨类植物如何生长？

蕨类植物的大小和形状各不相同，但它们都通过相同的方式进行繁殖。当蕨类植物的孢子落在阴暗潮湿的地方时，它们就会逐渐长出新的蕨类。这些新生的蕨类与产生孢子的母体植物并不完全一样，但它们会继续产生雄性细胞和雌性细胞，当细胞结合之后，新的成熟的蕨类植物就长成了！

树蕨，也叫桫椤，可以长到20米高。

发现化石

化石其实是数万年前甚至数百万年前生活在地球上的植物或动物遗留下的尸体。有时候，科学家会在岩层中发现完整的植物化石或者动物化石。从蕨类植物的化石到鱼类的化石，从昆虫的化石到恐龙的化石，科学家们已经取得了不少重大发现！

蕨类植物的化石

植物的分类

　　地球上约有 35 万种不同的植物。植物学家是专门研究植物的科学家，他们将地球上的植物分成了不同的类别，每个类别中的植物都有一些相同的属性。根据有无种子的区别，科学家将植物分为种子植物和孢子植物；根据种子存在形式的不同，他们又将种子植物分为被子植物和裸子植物；根据种子中长出的子叶的数量，他们又进一步将被子植物分为单子叶植物和双子叶植物。

菌类

柳杉

芒萁

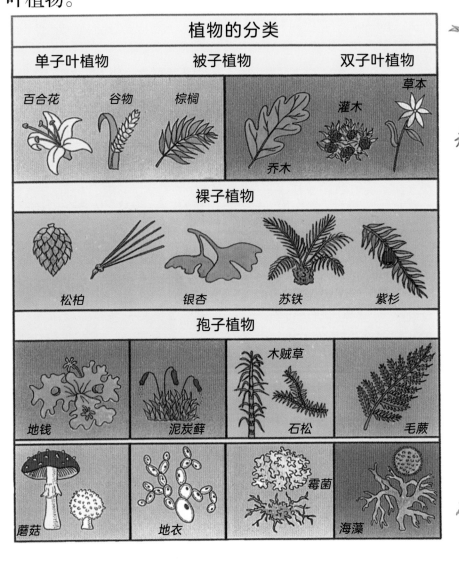

植物的分类

单子叶植物	被子植物	双子叶植物

百合花　　谷物　　棕榈　　　　乔木　　灌木　　草本

裸子植物

松柏　　　　银杏　　　苏铁　　　紫杉

孢子植物

地钱　　　泥炭藓　　木贼草　石松　　毛蕨

蘑菇　　　地衣　　　霉菌　　海藻

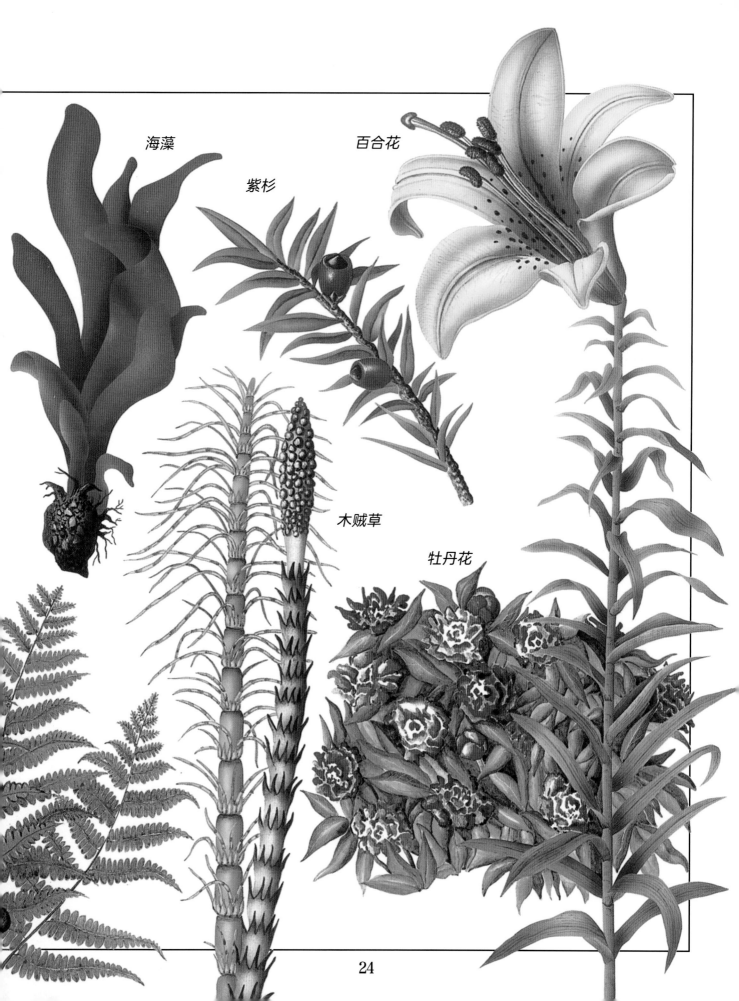

海藻

紫杉

百合花

木贼草

牡丹花

24

种子日记

通过记录种子、鳞茎和孢子的生长情况，你可以开始写自己的种子日记。准备一本简单的练习册或者空白的笔记本，用图片或文字记录下你观察到的植物，并贴上几粒种子作为样品。如果你有照相机，那你还可以拍一些照片作为日记的素材。记得要写下这些植物的名字，以及你第一次发现它们的时间和地点。为了弄清楚这些植物的名字，你可以去查阅相关书籍，或者向家长和老师寻求帮助。下面给出了一些示例，也许会对你有帮助哟！

长孢子的蘑菇

在树林中或者开阔的野外寻找蘑菇。找到蘑菇后，在确认它们没有毒性之前，千万不要触碰它们。

蘑菇的名字：
蘑菇的大小和颜色：
蘑菇生长的地方：
孢子的位置：

开花到结果

尽量收集各种不同的果实。要注意，这里的果实不仅仅是指你平时吃的苹果和橘子等水果哟！

花的名字：
果实的种类：
硬还是软：
种子的名字：

我们的食物

仔细观察厨房橱柜里的各种食品包装袋，阅读成分表，了解每种食物里都有哪些成分。你找到用种子做成的食物了吗？这样的食物有多少种呢？

食物的名字：
用的什么种子：
植物的名字：

树的种子

秋天时，很多树的种子会落到地上。仔细找找看，你知道这些种子来自哪些树吗？

树的名字：
裸子植物还是被子植物：
描述种子：
种子如何传播：

传播种子

观察种子的形状，你能推测到它们是如何离开母体植物的吗？

种子的形状：

母体植物：

传播方式：

授粉

晴天时，近距离观察一些颜色鲜艳的花朵，你能在上面发现吸食花蜜的昆虫吗？

昆虫的名字：

花朵的名字：

花朵的颜色：

花朵的味道：

蜜标的位置：

最喜欢的食物

我们知道，有些动物吃了水果或坚果后，可以帮助传播种子。你知道这些吃种子的动物的名字吗？

种子的名字：

吃种子的动物：

动物采集种子的方式：

动物是否储存种子：

地衣

在树林中、石头上或者砖墙以及石头建筑中搜寻一下，看看你是否能发现地衣。

地衣的位置：

地衣的颜色：

地衣的类型：

更多奇趣真相

冬天到来前，**睡鼠**会吃下很多种子和坚果，它们的体重会增加到原来的 2 倍。

獾会在树林中挖出**蓝铃花**的鳞茎并吃掉它。

牙买加胡椒的干燥种子被称为"多香果"，因为它尝起来有肉桂、丁香和肉豆蔻的味道。

把**番木瓜**揉进生肉中，可以让肉质更为鲜嫩。

凤仙花的荚果成熟后，一碰就会蹦出种子来。

世界上毒性最大的蘑菇被称为"**死亡之帽**"，人吃了它会死亡，但兔子和鼻涕虫吃了它却毫发无损。

谷物象鼻虫把卵产在谷物的种子里，幼虫出生后便以谷物的种子为食。

美国大平原上的**蘑菇仙女**环直径可达 60 多米。

术语汇编

阿兹特克人

北美洲南部国家墨西哥中人数最多的一支印第安人，农业发达，曾经输出了番茄、玉米、可可和辣椒等重要粮食作物。

孢子

脱离母体后能直接或间接发育成新个体的生殖细胞，是有丝分裂或减数分裂的产物，一般为单细胞繁殖体。

孢子植物

通过孢子进行繁殖的植物，喜欢生长在阴暗、潮湿的地方，包括藻类、菌类、地衣、苔藓和蕨类。

地钱

一种孢子植物，呈叶状，扁平，匍匐生长，多生长在阴暗潮湿的环境中。

番木瓜

即木瓜，是热带、亚热带大型常绿多年生草本植物，果肉的营养价值十分丰富。

根须

即须根，一般指单子叶植物的根系形态，无明显主根，主要由许多粗细均匀的须根组成。

鬼针草

一年生草本植物，头状花序，直径为8~9毫米，多生于村旁、路边及荒地中。

花粉篮

工蜂后足上由硬毛围成的器官，用来携带花粉。

花盘

是指由花托顶部膨大而形成的构造，可能是盘状的、杯状的、垫状的或环状的。

块根

由植物的侧根或不定根的局部膨大而成的贮藏根，主要成分是淀粉和糖类，还有大量水分和少量蛋白质。

荚果

由单雌蕊发育而成的果实，成熟时沿腹缝线和背缝线开裂，果皮裂成两片，比如大豆和豌豆等植物的果实，也叫豆荚。

块茎

呈块状的植物茎，土豆是最典型的块茎。

美索不达米亚平原

位于幼发拉底河和底格里斯河之间的冲积平原，是古代四大文明之一的古巴比伦文明的发源地。

蒴果

由复雌蕊发育而成的果实，成熟时有各种开裂方式，比如百合、牵牛等植物的果实。

苏美尔人

历史上最早定居于幼发拉底河和底格里斯河中下游的民族，他们所建立的苏美尔文明是全世界已知最早产生的文明之一。

威尔士

全称威尔士公国，是大不列颠岛西南部的一个公国。

仙女环

也叫仙人圈、仙人环，蘑菇菌丝辐射生长时，向四周不断蔓延，时间长了之后，中心点及老化的菌丝相继枯萎，外围的菌丝却茁壮生长，于是形成了自然的菌丝体环，也就是蘑菇圈。

版权登记号：01-2020-4540

图书在版编目（CIP）数据

奇趣真相：自然科学大图鉴.2, 种子 /（英）简·
沃克著;（英）安·汤普森等绘;雷飞译. -- 北京：
中国人口出版社, 2020.12
书名原文：Fantastic Facts About:Seeds, Bulbs
and Spores
ISBN 978-7-5101-6448-4

Ⅰ.①奇… Ⅱ.①简… ②安… ③雷… Ⅲ.①自然科
学 – 少儿读物②种子 – 少儿读物 Ⅳ.①N49
②Q944.59–49

中国版本图书馆 CIP 数据核字 (2020) 第 159693 号

奇趣真相：自然科学大图鉴
QIQÜ ZHENXIANG：ZIRAN KEXUE DA TUJIAN

种子
ZHONGZI

[英] 简·沃克◎著

[英] 安·汤普森　贾斯汀·皮克　大卫·马歇尔　等◎绘
雷飞◎译

责 任 编 辑	杨秋奎
责 任 印 制	林　鑫　单爱军
装 帧 设 计	柯　桂
出 版 发 行	中国人口出版社
印　　　刷	湖南天闻新华印务有限公司
开　　　本	889 毫米 × 1194 毫米　　1/16
印　　　张	16
字　　　数	400 千字
版　　　次	2020 年 12 月第 1 版
印　　　次	2020 年 12 月第 1 次印刷
书　　　号	ISBN 978-7-5101-6448-4
定　　　价	132.00 元（全 8 册）

网　　　址	www.rkcbs.com.cn
电 子 信 箱	rkcbs@126.com
总编室电话	（010）83519392
发行部电话	（010）83510481
传　　　真	（010）83538190
地　　　址	北京市西城区广安门南街 80 号中加大厦
邮 政 编 码	100054